PLANCHES

DU

CATALOGUE

DE LA

COLLECTION MINÉRALOGIQUE PARTICULIÈRE

DU ROI.

PARIS.

—

1817.

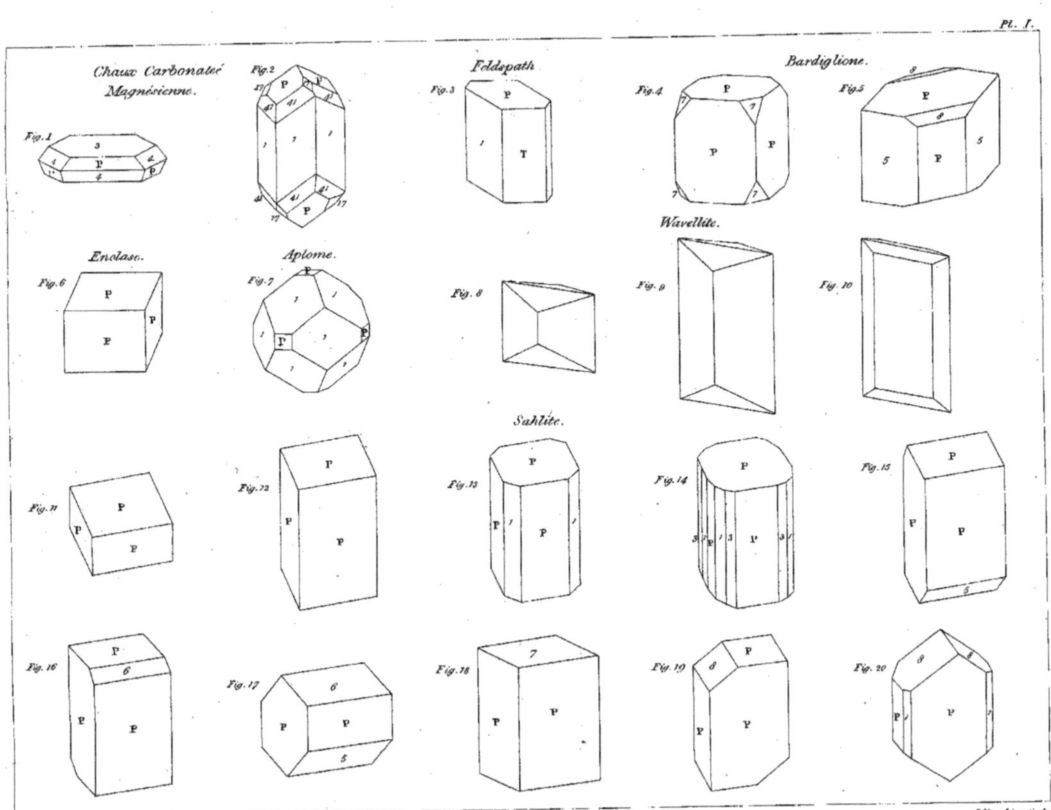

Count de Bournon del.

J. Simpkins sculp.

Suite de la Sahlite.

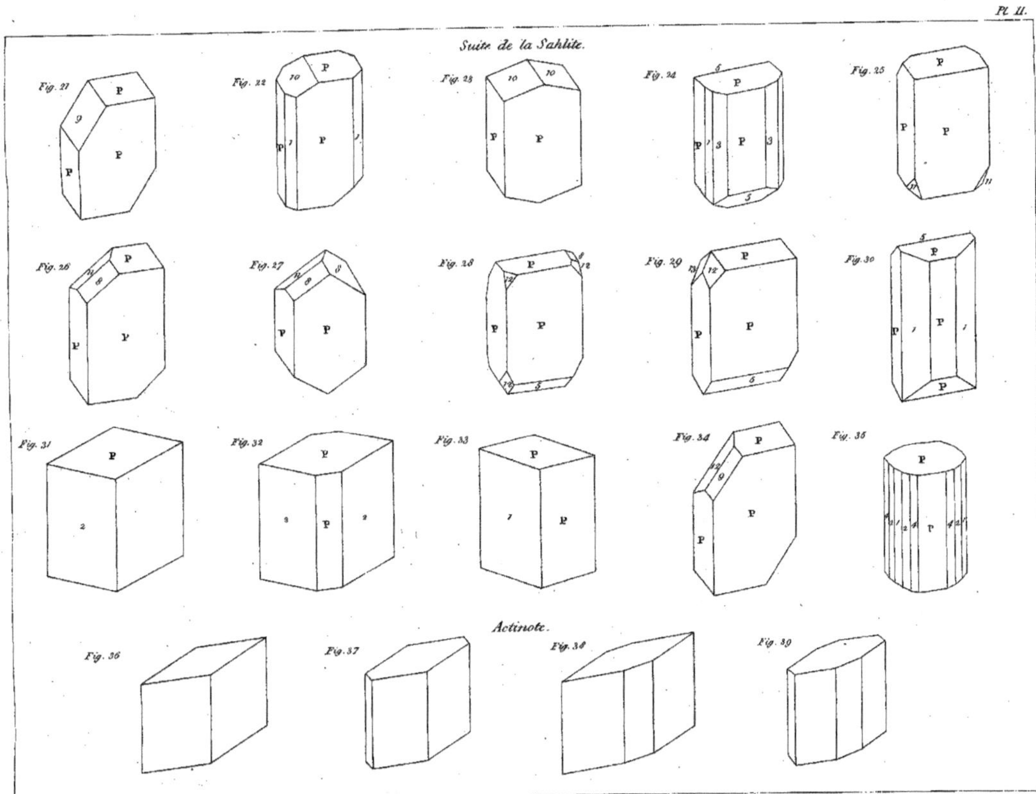

Actinote.

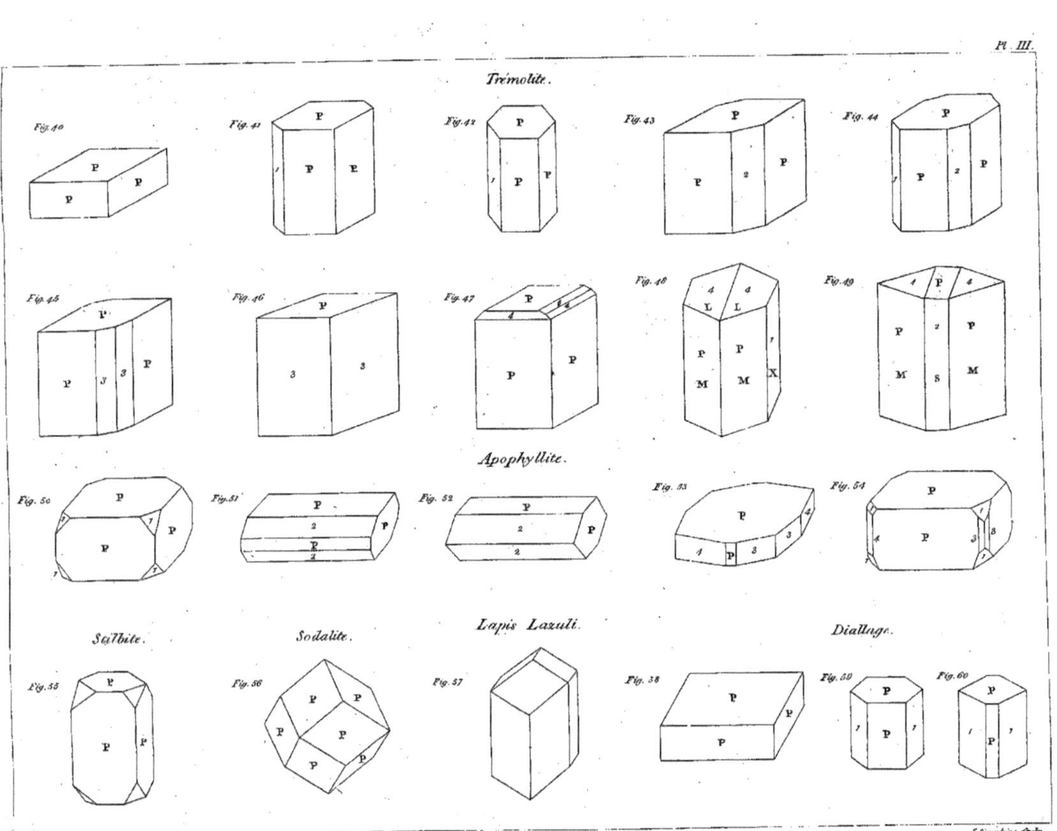

Pl. III.
Trémolite.
Fig. 40
Fig. 41
Fig. 42
Fig. 43
Fig. 44
Fig. 45
Fig. 46
Fig. 47
Fig. 48
Fig. 49
Apophyllite.
Fig. 50
Fig. 51
Fig. 52
Fig. 53
Fig. 54
Stilbite.
Sodalite.
Lapis Lazuli.
Diallage.
Fig. 55
Fig. 56
Fig. 57
Fig. 58
Fig. 59
Fig. 60
Count de Bournon. del.
J. Simpkins. sculp.

Mica.

Fig. 61
Fig. 62
Fig. 63
Fig. 64
Fig. 65
Fig. 66
Fig. 67
Fig. 68
Fig. 69
Fig. 70
Fig. 71
Fig. 72
Fig. 73
Fig. 74
Fig. 75
Fig. 76

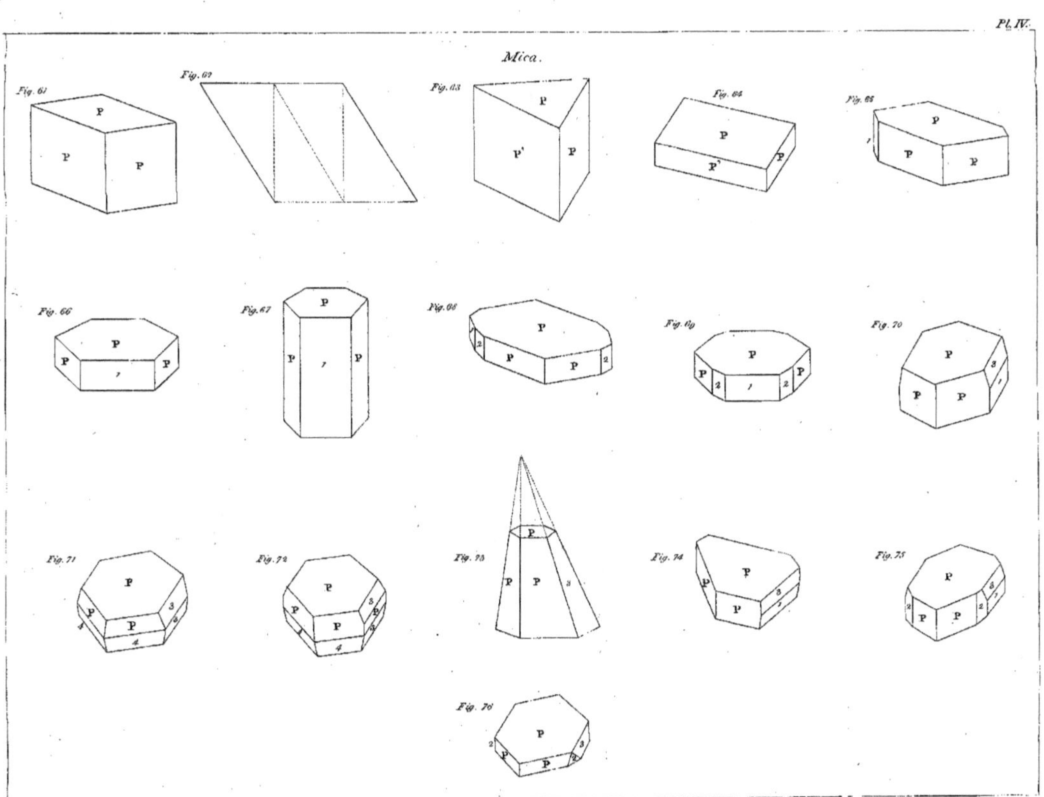

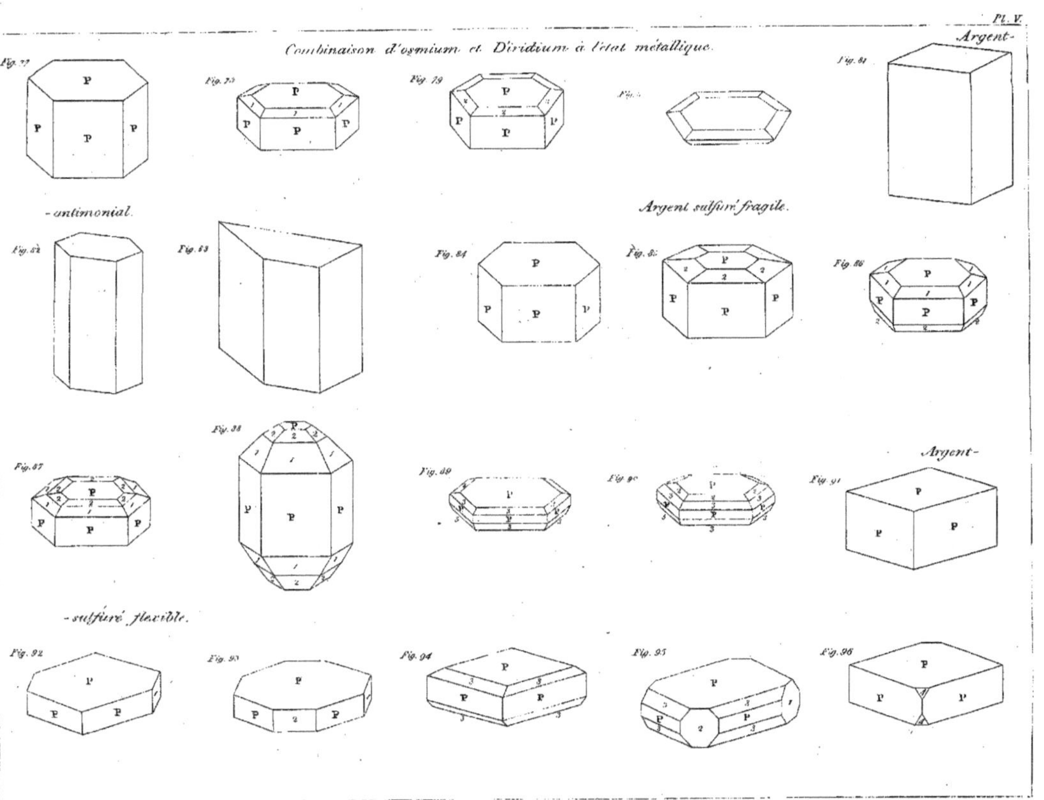

Combinaison d'osmium et D'iridium à l'état métallique.
Argent-
Fig. 72
Fig. 73
Fig. 79
Fig. 80
Fig. 81
- antimonial.
Argent sulfuré fragile.
Fig. 82
Fig. 83
Fig. 84
Fig. 85
Fig. 86
Fig. 88
Fig. 87
Fig. 89
Fig. 90
Fig. 91
Argent-
- sulfuré flexible.
Fig. 92
Fig. 93
Fig. 94
Fig. 95
Fig. 96

Count de Bournon del.
J. Simpkins Sculp.

Suite de l'argent Sulfuré flexible.

Argent muriaté.

Mercure muriaté.

Buntkupfererz. (Kanar)

Cuivre Carbonaté Vert.

Cuivre bleu (triseprim)

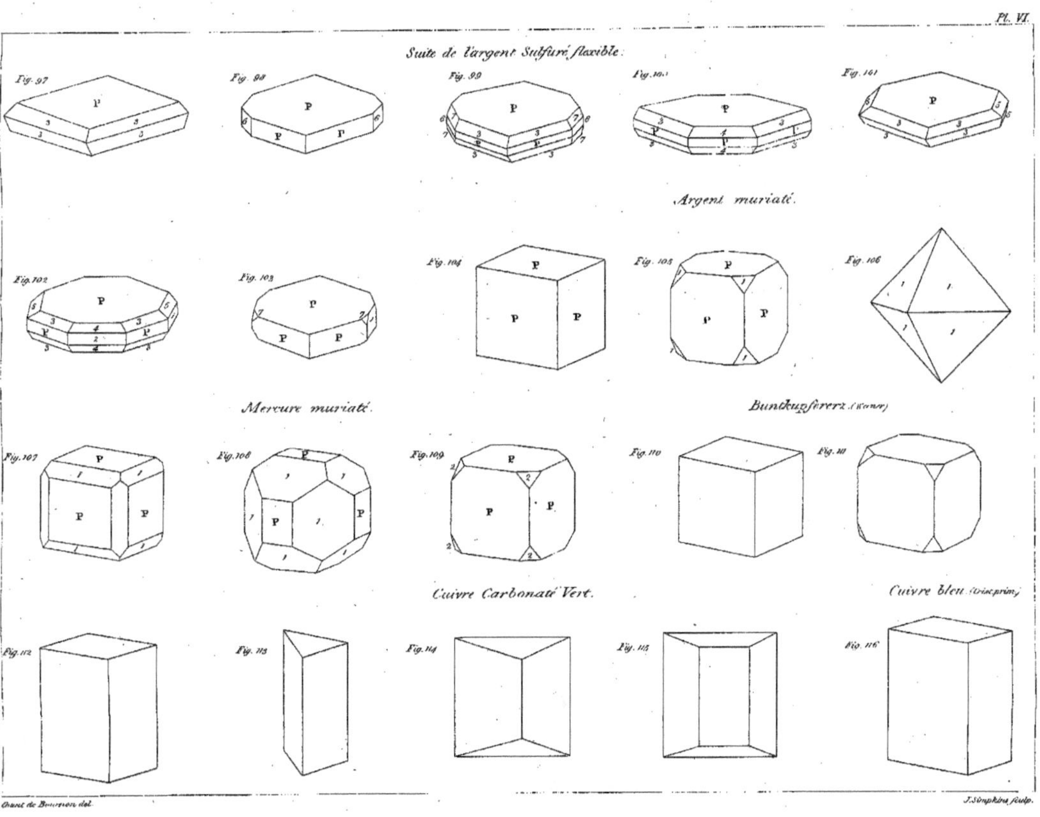

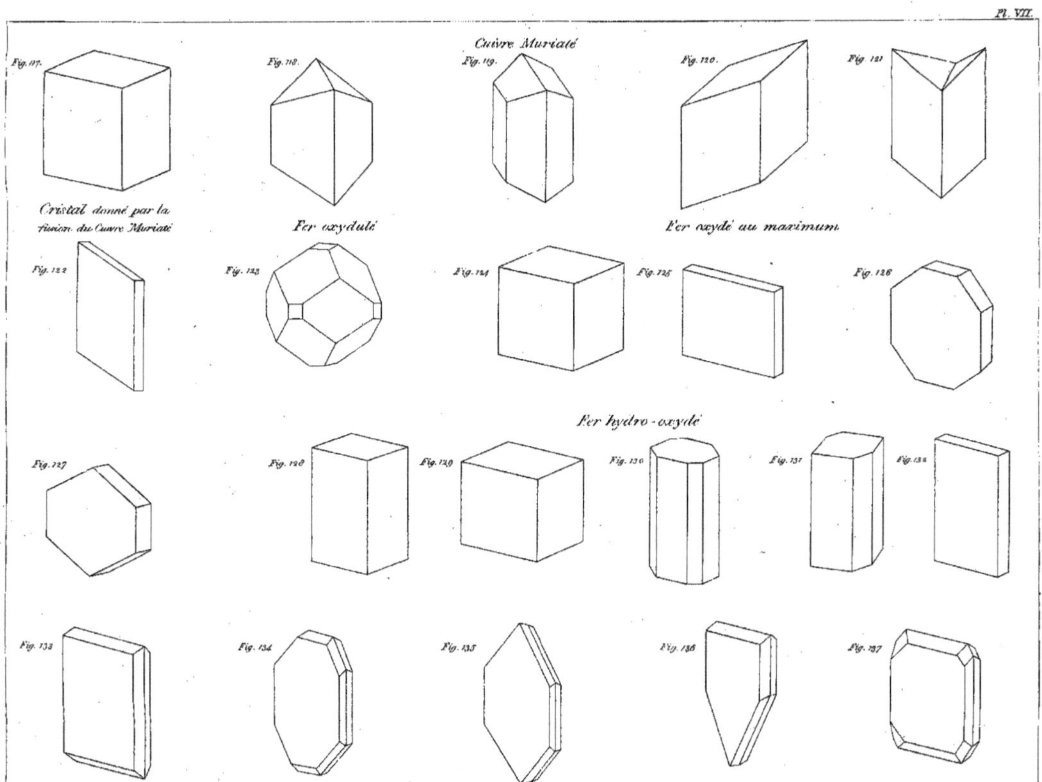

Cuivre Muriaté
Fig. 117.
Fig. 118.
Fig. 119.
Fig. 120.
Fig. 121.
Cristal donné par la
fusion du Cuivre Muriaté
Fer oxydulé
Fer oxydé au maximum.
Fig. 122
Fig. 123
Fig. 124
Fig. 125
Fig. 126
Fer hydro-oxydé
Fig. 127
Fig. 128
Fig. 129
Fig. 130
Fig. 131
Fig. 132
Fig. 133
Fig. 134
Fig. 135
Fig. 136
Fig. 137

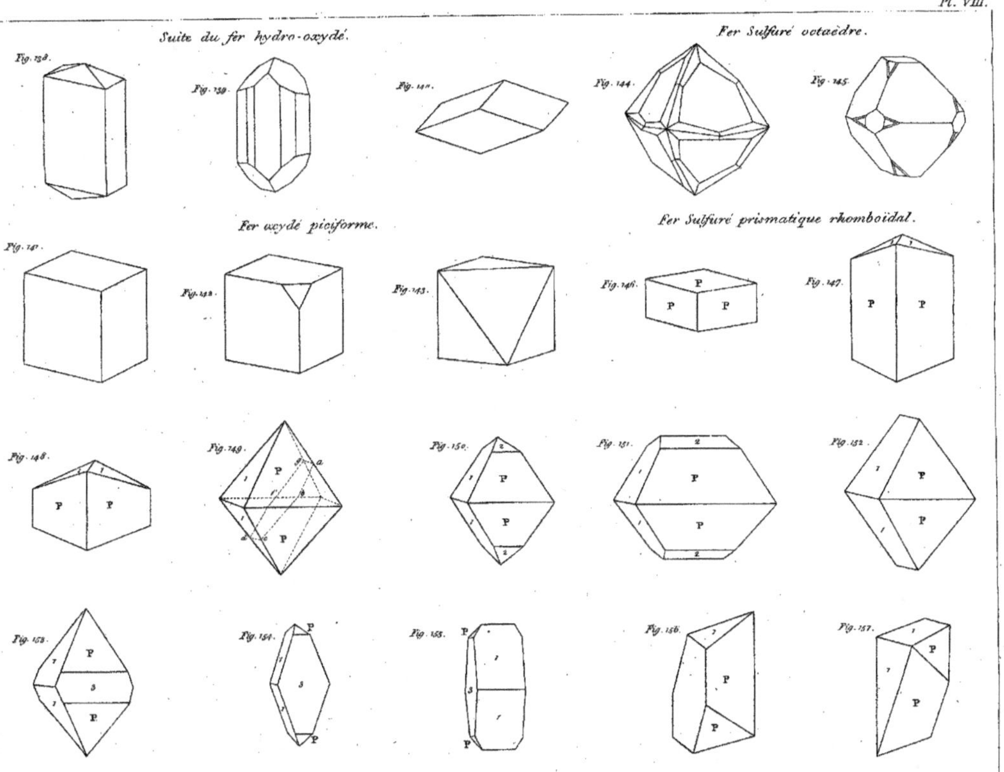
Pl. VIII.
Suite du fer hydro-oxydé.
Fer Sulfuré octaèdre.
Fer oxydé piciforme.
Fer Sulfuré prismatique rhomboïdal.
Fig. 138.
Fig. 139.
Fig. 140.
Fig. 144.
Fig. 145.
Fig. 141.
Fig. 142.
Fig. 143.
Fig. 146.
Fig. 147.
Fig. 148.
Fig. 149.
Fig. 150.
Fig. 151.
Fig. 152.
Fig. 153.
Fig. 154.
Fig. 155.
Fig. 156.
Fig. 157.
Comte de Bournon del.
J. Simpkins sculp.

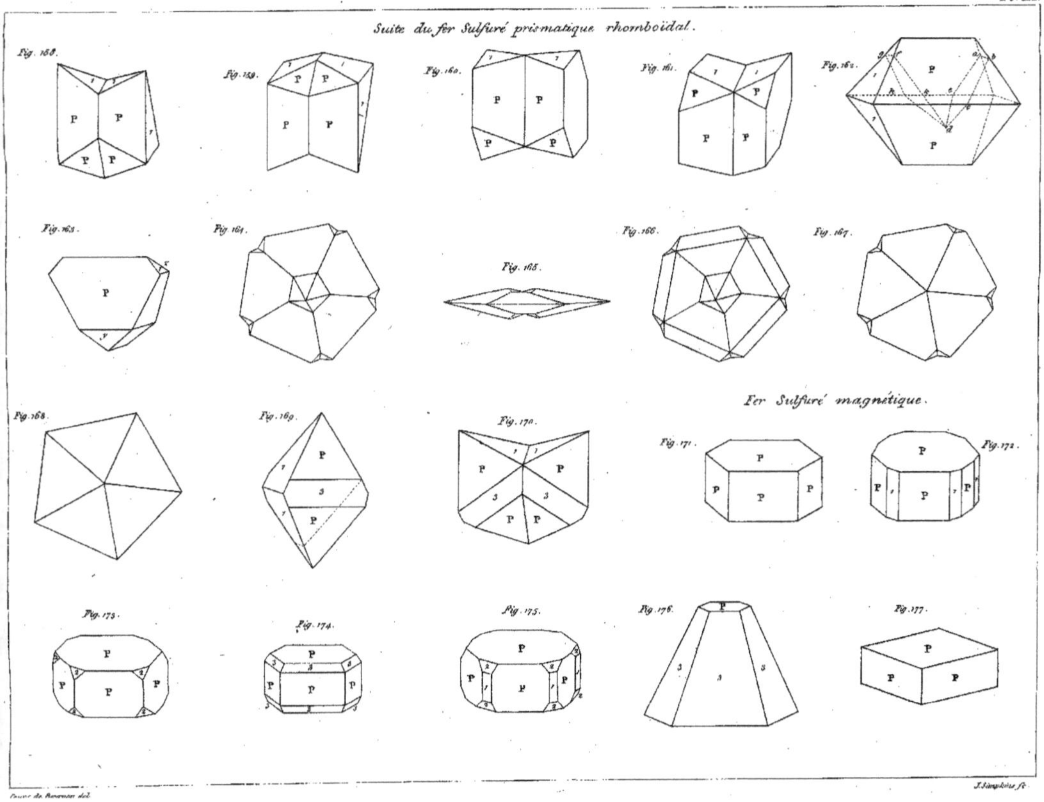

Suite du fer Sulfuré prismatique rhomboïdal.

Fig. 158.

Fig. 159.

Fig. 160.

Fig. 161.

Fig. 162.

Fig. 163.

Fig. 164.

Fig. 165.

Fig. 166.

Fig. 167.

Fer Sulfuré magnétique.

Fig. 168.

Fig. 169.

Fig. 170.

Fig. 171.

Fig. 172.

Fig. 173.

Fig. 174.

Fig. 175.

Fig. 176.

Fig. 177.

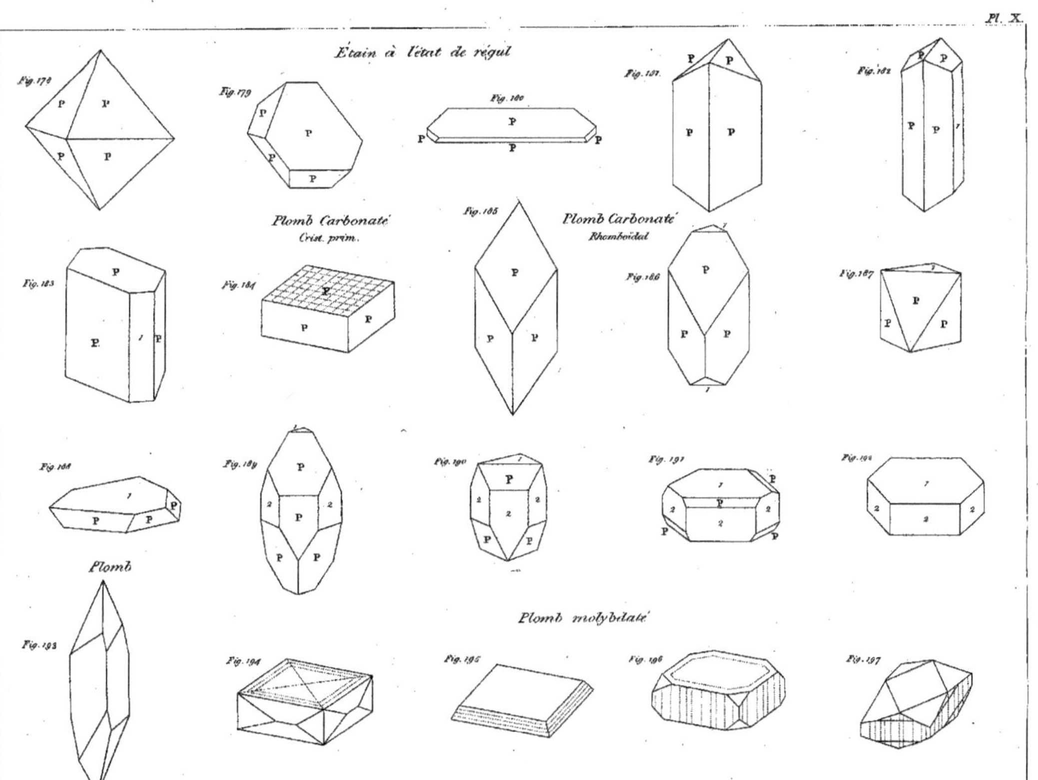

Pl. X.
Étain à l'état de régul
Fig.178
Fig.179
Fig.180
Fig.181
Fig.182
P
Plomb Carbonaté
Crist. prim.
Fig.185
Plomb Carbonaté
Rhomboidal
Fig.183
Fig.184
Fig.186
Fig.187
Fig.188
Fig.189
Fig.190
Fig.191
Fig.192
Plomb
Plomb molybdaté
Fig.193
Fig.194
Fig.195
Fig.196
Fig.197
Comte de Bournon del.
J.Simpkins sculp.

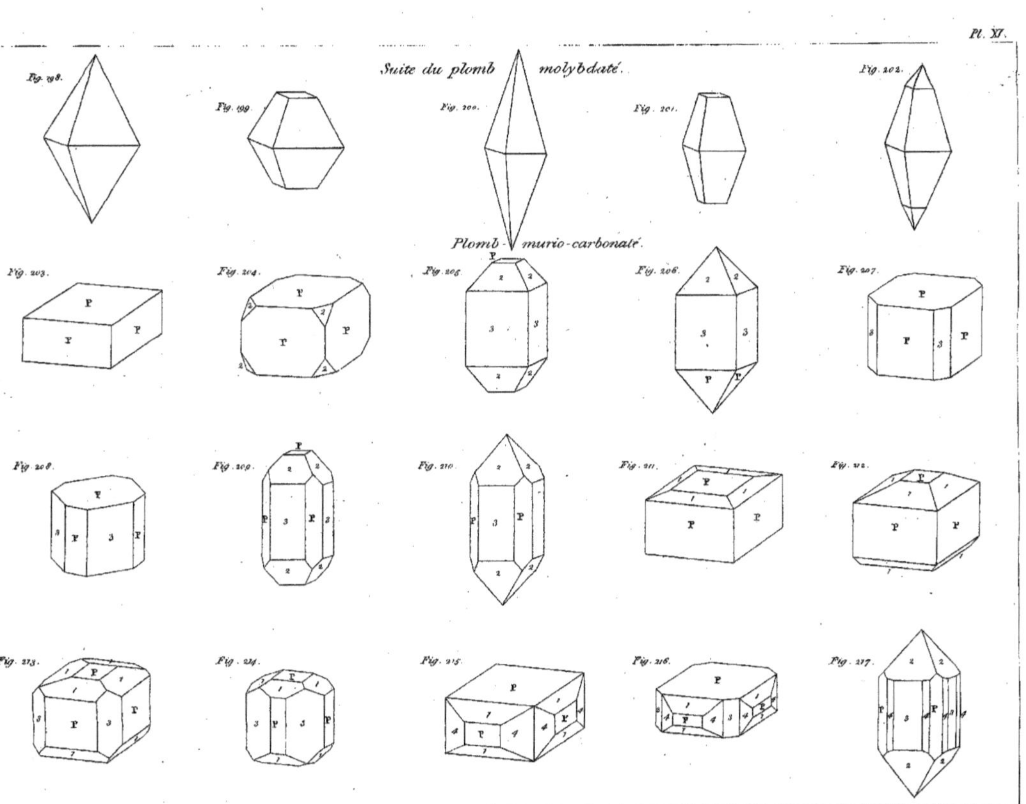
Fig. 198.
Fig. 199.
Suite du plomb molybdaté.
Fig. 200.
Fig. 201.
Fig. 202.
Fig. 203.
Fig. 204.
Plomb murio-carbonaté.
Fig. 205.
Fig. 206.
Fig. 207.
Fig. 208.
Fig. 209.
Fig. 210.
Fig. 211.
Fig. 212.
Fig. 213.
Fig. 214.
Fig. 215.
Fig. 216.
Fig. 217.

Suite du plomb murio-carbonaté.

Zinc oxydé quartzeux.

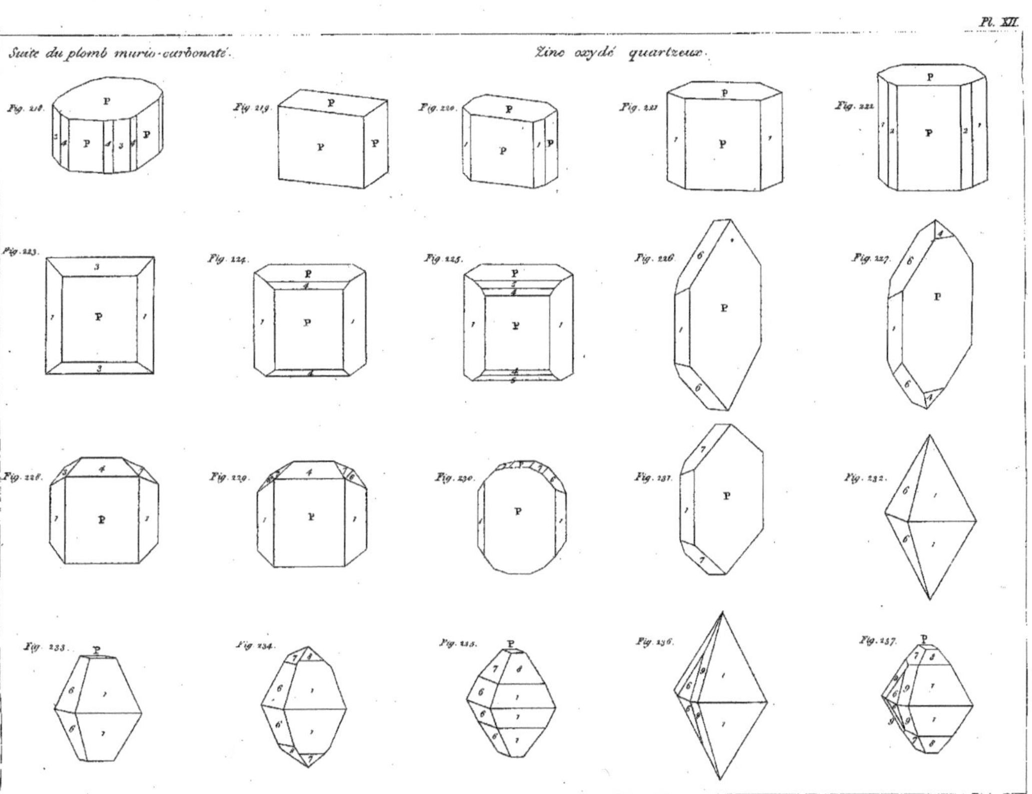

Suite du zinc oxydé quartzeux.

Zinc Carbonaté pseudomorphique.

Fig. 238.

Fig. 239.

Fig. 240.

Fig. 241.

Fig. 242.

Zinc Carbonaté.

Bismuth Sulfuré.

Cobalt arsenical.

Fig. 243.

Fig. 244.

Fig. 245.

Fig. 246.

Fig. 247.

Fig. 248.

Fig. 249.

Fig. 250.

Fig. 251.

Fig. 252.

Nickel arsenical.

Fig. 253.

Fig. 254.

Fig. 255.

Fig. 256.

Fig. 257.

Suite du Nickel arsenical.

Fer oxydulé manganésien.

Antimoine Sulfuré.

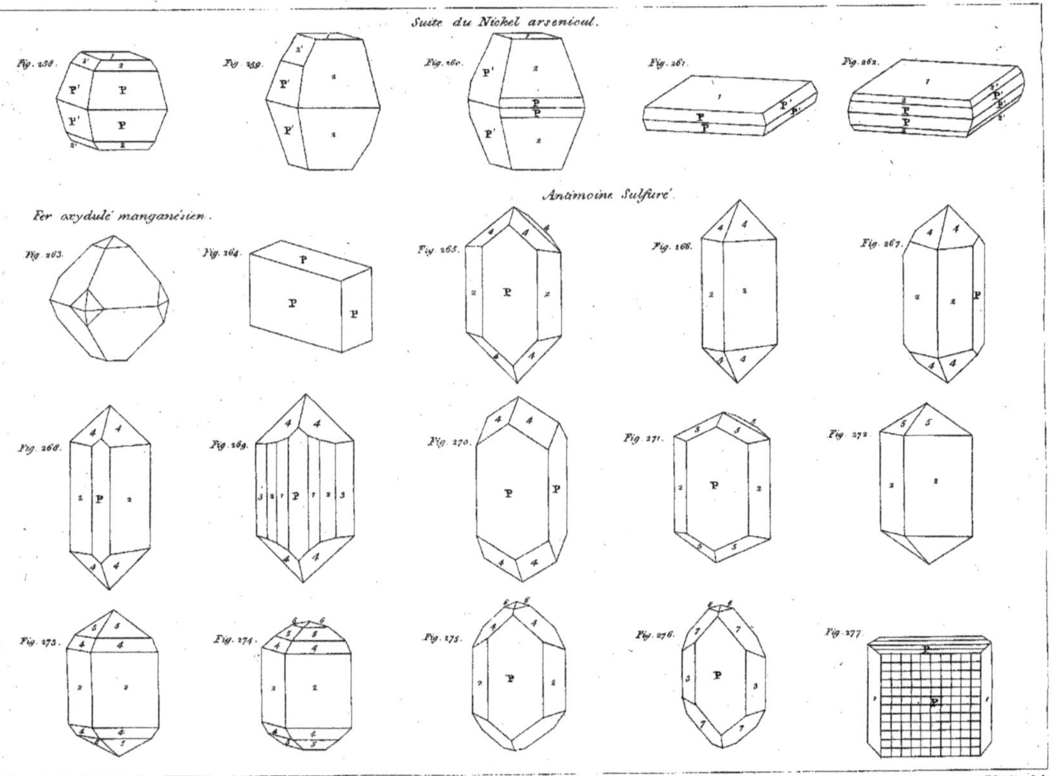

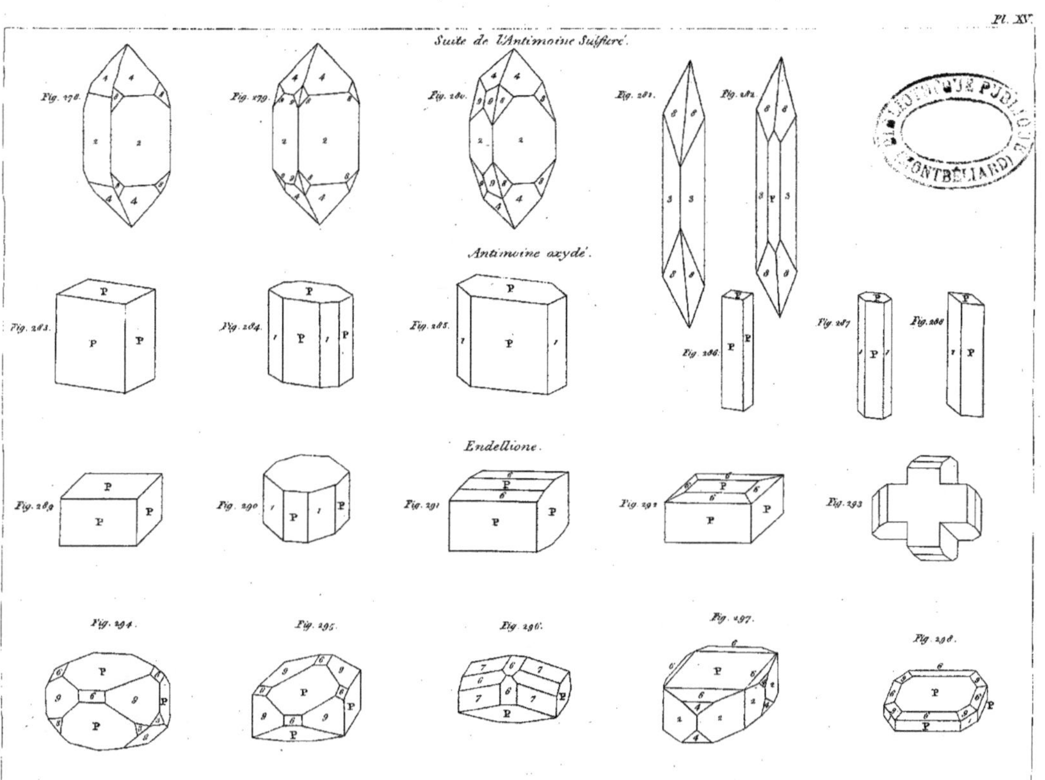

Comte de Bournon del.   J. Simpkins sc.

Suite de l'Endellione.

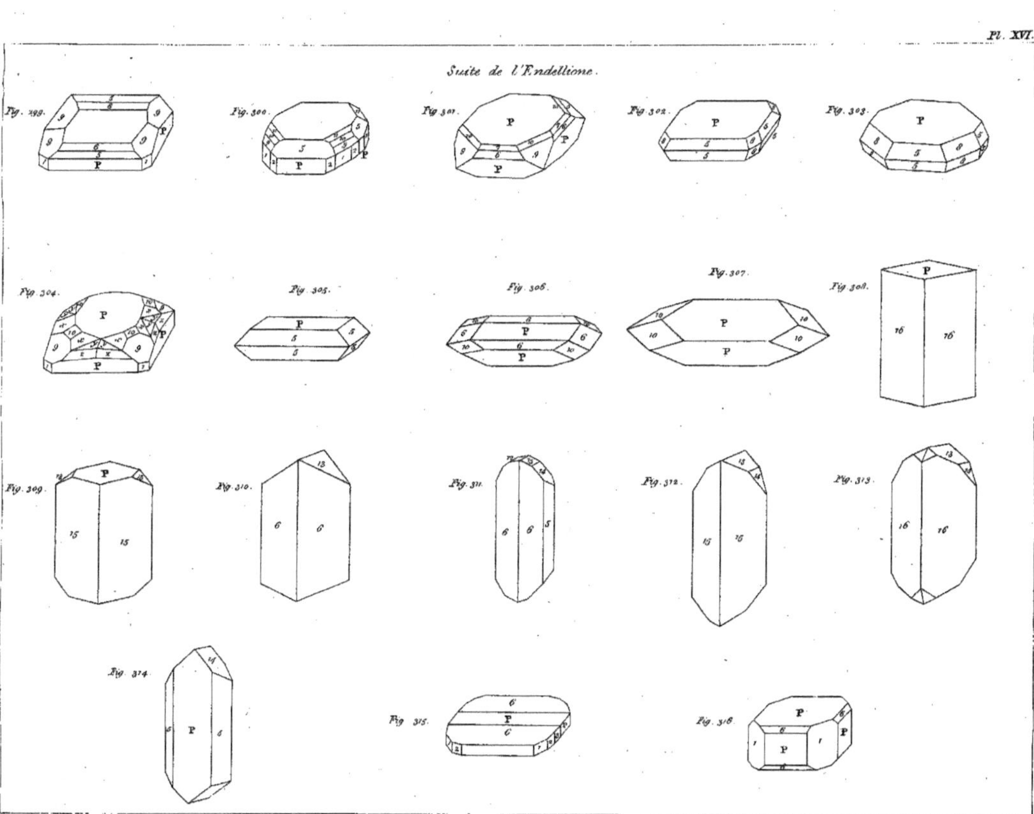

Uranite.

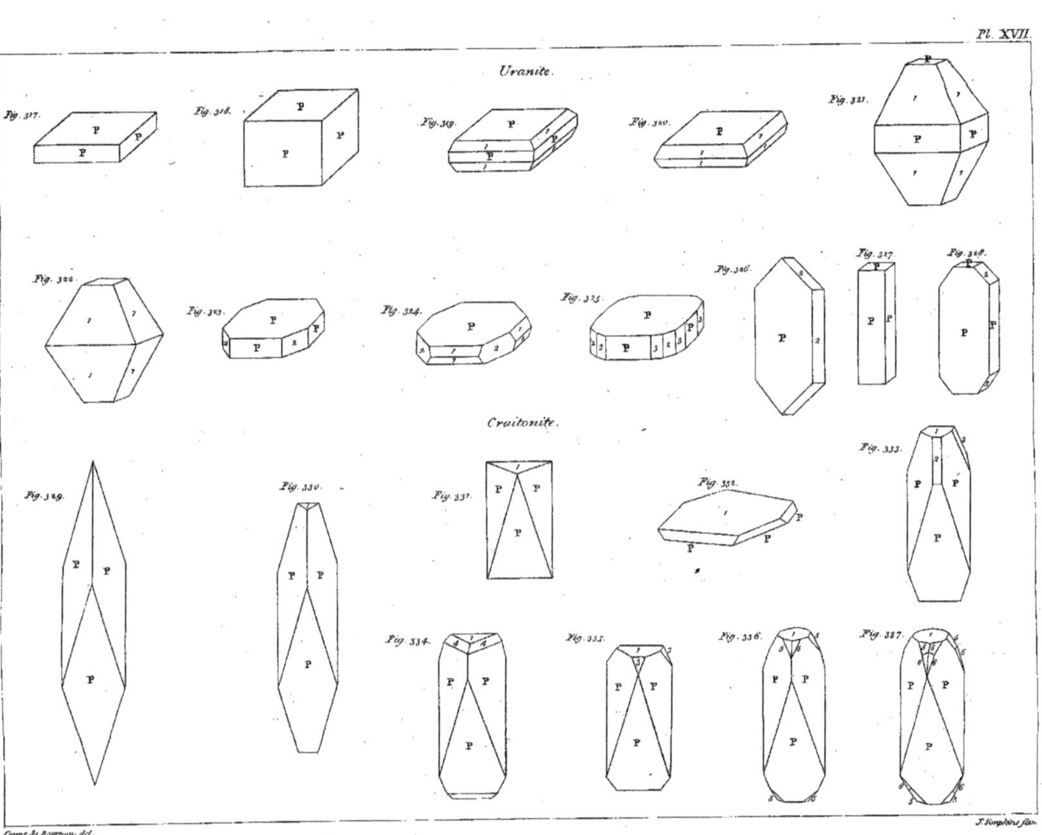

Craitonite.

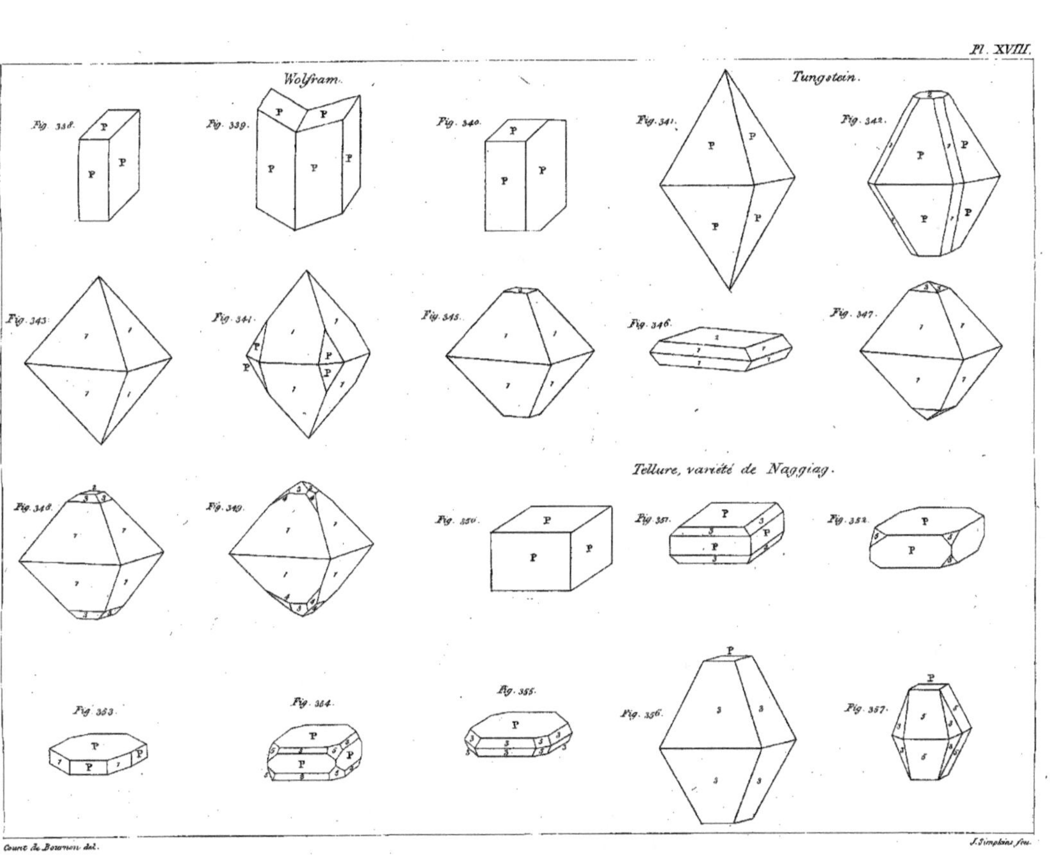

Court de Bournon del.

J. Simpkins fec.

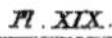

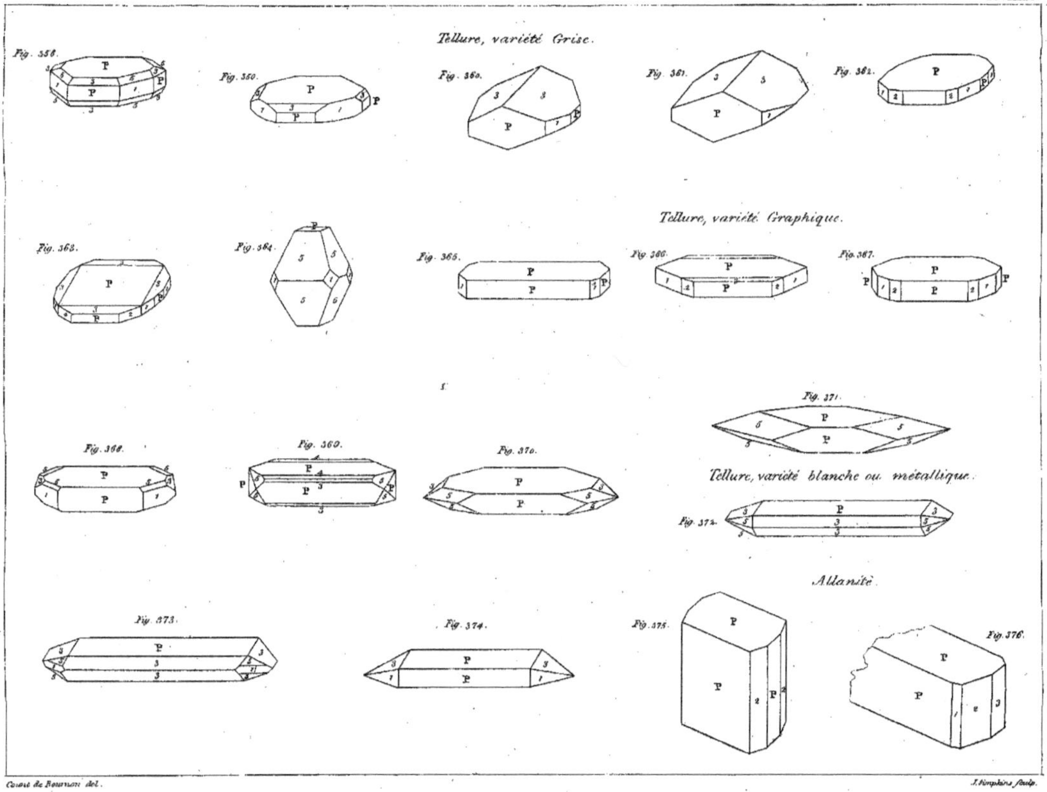

Tellure, variété Grise.
Fig. 358.
Fig. 359.
Fig. 360.
Fig. 361.
Fig. 362.
Tellure, variété Graphique.
Fig. 363.
Fig. 364.
Fig. 365.
Fig. 366.
Fig. 367.
Fig. 368.
Fig. 369.
Fig. 370.
Fig. 371.
Tellure, variété blanche ou métallique.
Fig. 372.
Allanite.
Fig. 373.
Fig. 374.
Fig. 375.
Fig. 376.

Comte de Bournon del. J. Tomkins sculp.

1.re Planche de Suplément.

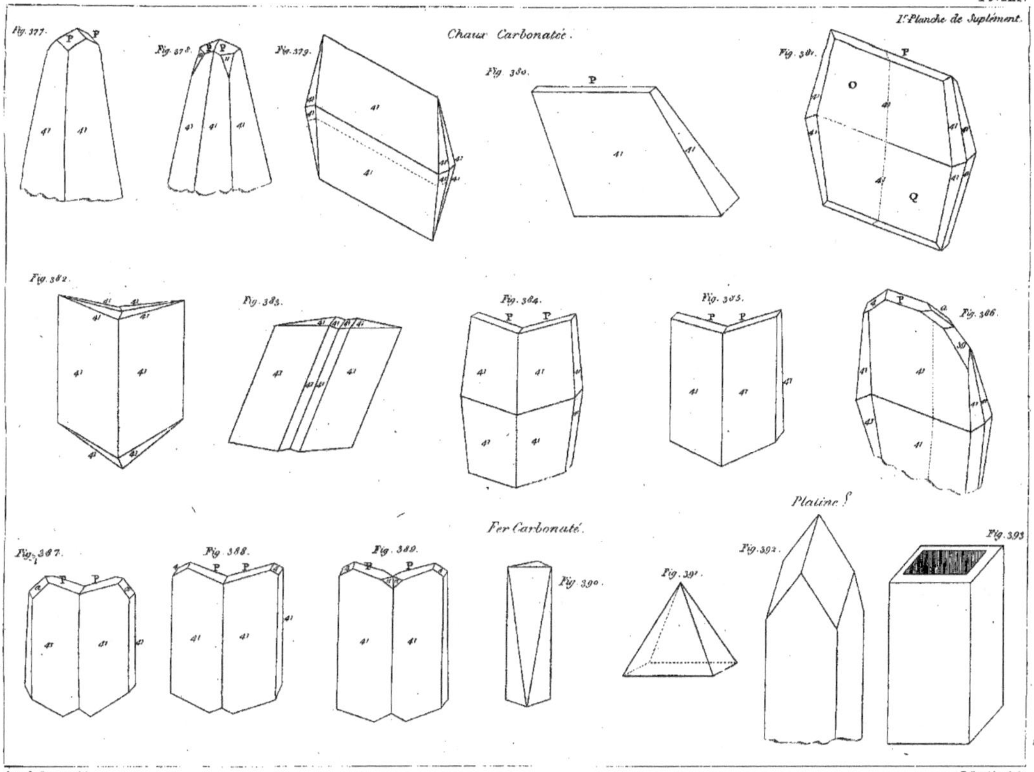
Chaux Carbonatée.
Fig. 377.
Fig. 378.
Fig. 379.
Fig. 380.
Fig. 381.
Fig. 382.
Fig. 383.
Fig. 384.
Fig. 385.
Fig. 386.
Fer Carbonaté.
Platine.
Fig. 387.
Fig. 388.
Fig. 389.
Fig. 390.
Fig. 391.
Fig. 392.
Fig. 393.

Comte de Bournon del. J. Simpkins sculp.

Suite du fer sulfuré prismatique rhomboïdal.

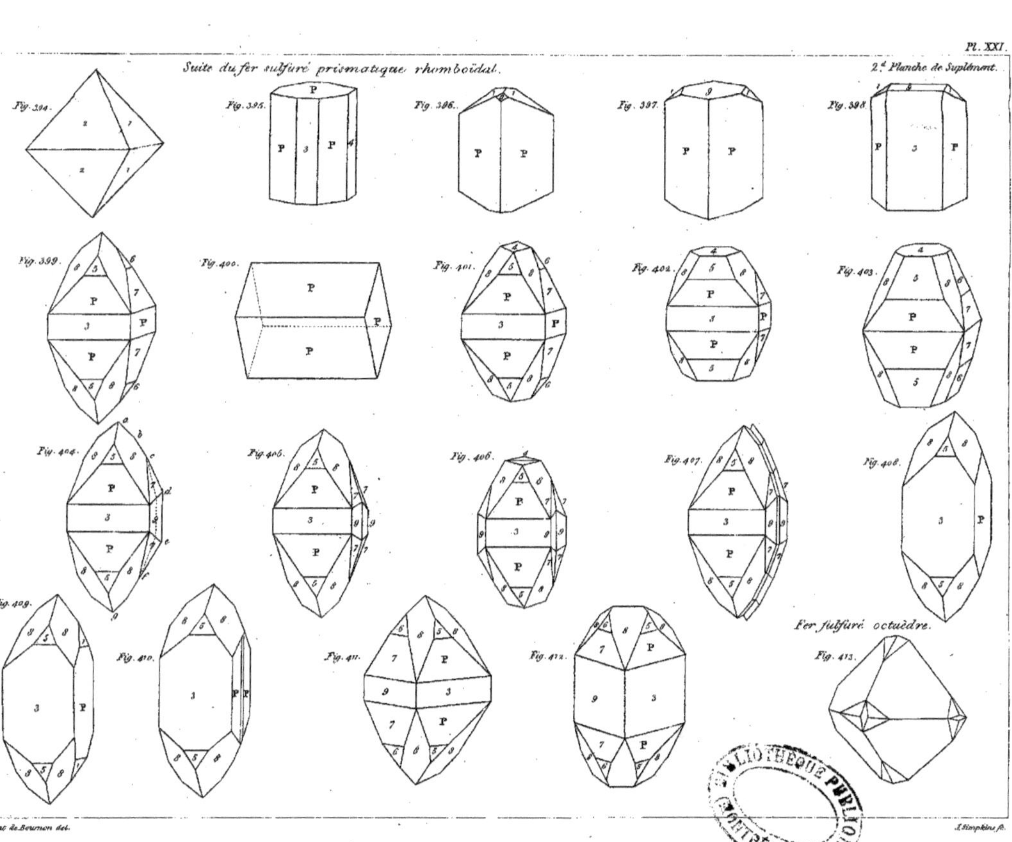

J. Simpkins sc.